奢华
卷

背景墙精选集

于 玲 都 伟 迟家琦 白云峰 主编

辽宁科学技术出版社
·沈阳·

《背景墙精选集——奢华卷》编委会

主　　编：于　玲　都　伟　迟家琦　白云峰
副 主 编：潘镭镭　胡　杰
编　　委：郭媛媛　席秀良　方虹博　武子熙　朱　琳　曹　水

图书在版编目（CIP）数据

背景墙精选集．奢华卷 / 于玲等主编．—沈阳：辽宁科学技术出版社，2015.7
ISBN 978-7-5381-9200-1

Ⅰ．①背… Ⅱ．①于… Ⅲ．①住宅－装饰墙－室内装饰设计－图集 Ⅳ．① TU241-64

中国版本图书馆 CIP 数据核字（2015）第 075657 号

出版发行：辽宁科学技术出版社
（地址：沈阳市和平区十一纬路 29 号 邮编：110003）
印 刷 者：辽宁一诺广告印务有限公司
经 销 者：各地新华书店
幅面尺寸：210mm × 285mm
印　　张：5.5
字　　数：200 千字
出版时间：2015 年 7 月第 1 版
印刷时间：2015 年 7 月第 1 次印刷
责任编辑：王羿鸥
封面设计：魔杰设计
版式设计：融汇印务
责任校对：徐　跃

书　　号：ISBN 978-7-5381-9200-1
定　　价：34.80 元

联系电话：024-23284356
邮购热线：024-23284502
E-mail:40747947@qq.com
http://www.lnkj.com.cn

奢华卷
目录
CONTENTS

打造奢华背景墙的三大法宝：软包、理石、挂画

软包：墙面一向给人的感觉是冷冰坚硬的，软包的出现打破了这一贯的印象。将海绵、布艺、皮革作为墙面的装饰材料，让墙面“温暖柔和”起来。钻石扣、水晶等元素加以装饰，更为居室添加奢华的气质。

理石：理石背景墙因其高贵稳重的气息深受装修业主的喜爱。理石的色泽淡雅自然，时而光彩熠熠，时而沉稳端庄，是家庭客厅中的一道大气奢华的目光聚焦点。

挂画：如果突然感到家居空间不够奢华，如果突然感到家居空间不够温馨，如果突然感到家居空间不够大气，如果突然感到家居空间不够时尚，只需要一幅挂画，就会重燃对家的爱意，收获一份意想不到的新鲜感。

设计要点

在传统的瓷砖背景墙所用的瓷砖上进行平面幻彩、立体雕刻、水晶镶嵌等工艺，创作出各种风格的装饰背景墙，应用于家装的电视背景墙、沙发背景墙、卧室背景墙等。由于艺术背景墙是在瓷砖上面进行幻彩、雕刻等二次工艺，所以，画面的立体感更强，而且造型非常多样，既可以做出磨砂质感，又可以做出帆布的效果。与普通的瓷砖背景墙相比，看起来更加灵动与立体。中式与欧式的混搭让居室更具文化气息，混搭风格不是所有的元素都可以随意地混搭，处理好细节的过渡、色彩的搭配是混搭和谐的关键。

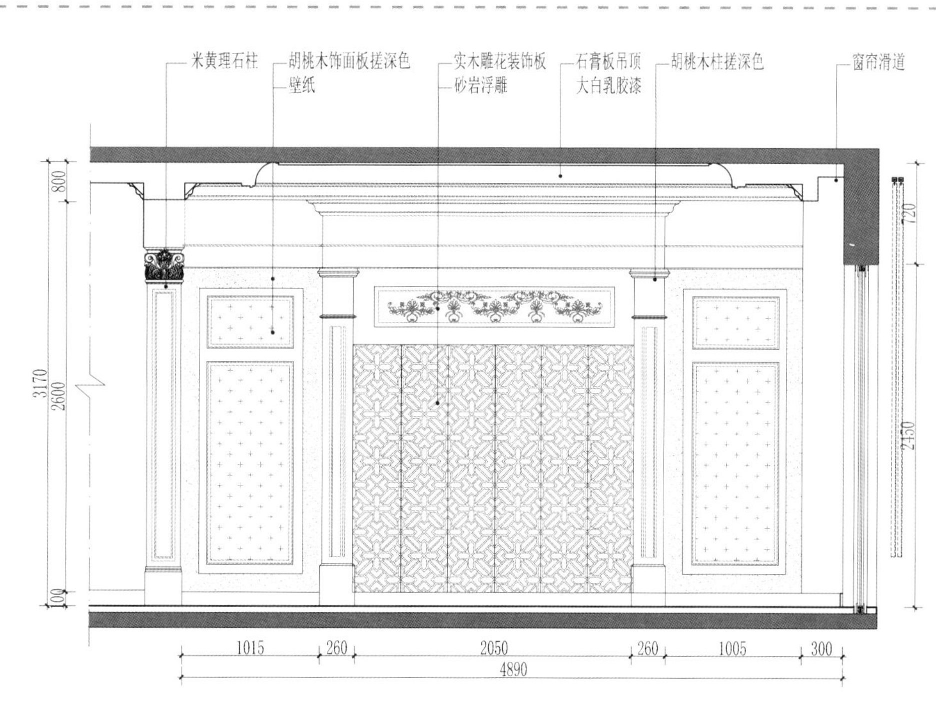

要奢华，不要繁杂

目前，奢华风格的电视背景墙设计，更多地利用了后现代手法，把传统的结构形式通过重新整合设计，以另一种具有现代特色的方式呈现，使其在高贵典雅的前提下，不显杂乱，更加实用。奢华设计风格的电视背景墙其实就是借用了大量的古典装饰元素，来表达日常生活的细节。此风格继承了古典风格豪华、动感、多变的视觉效果，也吸取了现代唯美、律动的处理手法，颇受喜欢高品质生活人士的青睐。

奢华风格电视背景墙强调以华丽的装饰、浓烈的色彩、精美的造型达到雍容华贵的装饰效果，但此风格有的也不只是豪华大气，更多的是惬意和浪漫。比如，可以通过完美的点线造型、精益求精的细节处理，带给家人不尽的舒适感。实际上，"和谐"才是奢华风格的最高境界。

奢华风格的电视背景墙包括三个主要方面：一是造型设计，例如柱式、壁炉、拱券等；二是家具摆布，例如展示架、电视几柜等；三是陈设搭配，例如壁纸、灯具、壁画等。另外，色彩、照明、材料等方面的内容，同样需要认真考量和设计，方能营造出一个理想的奢华居室氛围。

奢华风格的电视背景墙不要过度追求原汁原味的华丽装饰，只要有一些古典符号在里面就可以，尽量以美观、经济、实用为主，利用颜色、灯光、陈设等细节烘托背景墙的气氛，在奢华的气质下，尽享整洁、舒适。

设计要点

施工时，注意基层的比例关系，它是面材与木质造型美观的基础。选材上以木材等自然材料为主，特别是背景墙的浮雕纹处理，烘托起了居室整体自然而优雅的气质。这是一个融合了中国文化元素与古典欧式元素的设计，串起了中西合璧的绝美家居环境。中式风格，越看越有味道；欧式风格，奢华兼具高贵。欧式浮雕是偏向于壁画和雕塑的结合体，它不同于壁画，它是突出的具有立体感的图案组合。浮雕是雕塑与绘画结合的产物，用压缩的办法来处理形象，靠透视等因素来表现三维空间。浮雕与壁画对古典风格进行了完美的阐释，身在其中仿佛穿越了时空置身晚清贵族的府邸。

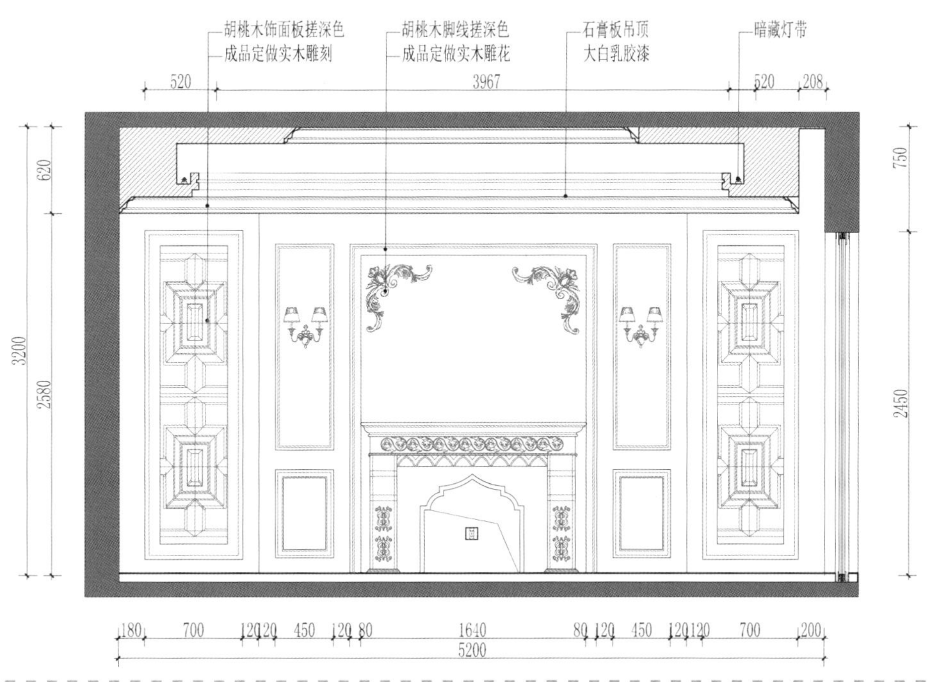

设计要点

细木工板打底，木皮饰面，配上稍加雕琢的线角，一面简欧风格的背景墙就展现在面前。对于居室来说，暖色系永远是不变的经典。柔和的暖色壁纸，搭配白色的木质墙面，使整个空间温暖而明亮。壁灯的选择要符合风格的需要，除满足夜晚照明的功能需要，壁灯的更大作用是为居室营造奢华、温馨的气氛。在灯光的照射下，壁纸与墙面映射出微妙的色彩变化。隐藏在背景墙后的电路施工一定要符合规范，切勿偷工减料，以免日后引起不必要的麻烦。

新古典电视背景墙的装饰元素

新古典主义崇尚厚重与优雅，既隆重又不失温馨。

对称设计一组复古的壁灯，铁艺造型、水晶吊饰，营造明亮柔和居室环境的同时，不失华丽的贵族气质。

在背景墙的搁架上摆放一组烛台，将新古典的高贵浪漫气质发挥得淋漓尽致。蜡烛象征吉祥，象征幸福的降临，在圣诞前夜，让烛光与美酒搭配，望着摇曳的火苗，细品杯中的美酒，将是一件多么唯美浪漫的事情。

镜子是一件神秘的物件，容纳一切，释放光华。将一面复古造型的椭圆形镜子悬挂在电视机的上方，完美的雕花镜框，将新古典电视背景墙点缀得恰到好处。

设计要点

大面积理石的运用为居室增添了高贵典雅的气氛，为了避免大面积理石带来的冰冷与坚硬，软包的配合就是必不可少的了。软包对于室内的保温性能，贡献较为突出。大面积使用软包，能有效控制室内温度，无论严冬酷暑都能有良好的恒温效果，从而营造最为舒适的室内空间，让忙碌一天的你备感轻松。软包一改墙壁坚硬冰冷的形象，营造出惬意柔美的居室。同时，软包具有防震缓冲作用。儿女是父母甜蜜的负担，尤其是活泼好动的孩子，时常要担心他磕着碰着，而坚硬的墙面、尖锐的摆设又令人防不胜防，软包以防震缓冲的特性，为孩子的日常生活保驾护航，无疑是父母的最佳选择。

设计要点

还以为墙面上是大理石吗？它是大理石瓷砖，大理石瓷砖是具有天然大理石逼真纹理、色彩和质感的瓷砖产品。它是现代顶级瓷砖制造工艺的代表作，是继瓷片、抛光砖、仿古砖、微晶石瓷砖之后的又一瓷砖新品类。大理石瓷砖在纹理、色彩、质感、手感以及视觉效果上完全达到天然大理石的逼真效果，装饰效果甚至优于天然石材。在严格的安装铺贴要求和丰富的产品配件支持下，大面积铺贴和空间整体运用效果更加逼真。大理石瓷砖实用性能方面表现卓越，完全摒弃了天然大理石存在的色差大、瑕疵多、易渗水渗污、难打理、价格高且供货周期长等缺陷。它的出现，为消费者在高端装饰材料领域提供了新的选择。

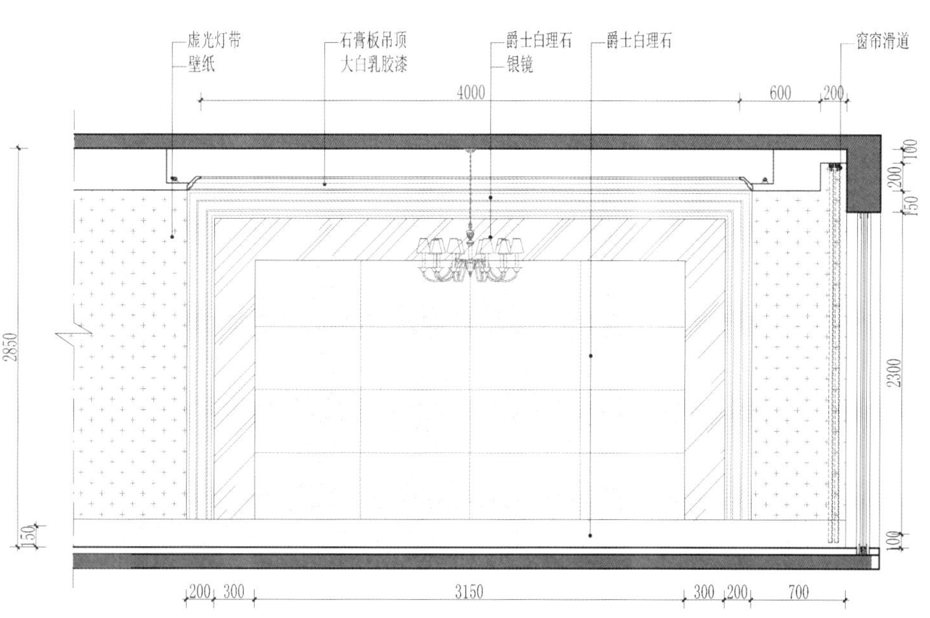

软包的工艺流程及优势介绍

软包是一种将柔性材料运用于室内墙表面的装饰方法。软包的纵深立体感提升了家居的整体档次。除了美观的作用外，还具阻燃、吸音、隔音、防潮、防霉、防水、防油、防尘、防静电、抗菌等多重实用功能。

下面，按照材质分类，将软包的工艺流程大致作介绍：

1. 常规软包：铺设基层板（厚 9cm 或 12cm），然后加 3~5cm 的泡沫垫，最后用布艺、人造皮革或真皮做饰面。

2. 型条软包：按照型条的图形固定于墙面上，填充海绵，用塞刀将布饰面或皮饰面塞入型条中。

3. 皮雕软包：皮雕软包的施工类似瓷砖的施工。首先，按照产品尺寸在墙面画好施工线，找准中心线，由中间向四周安装；然后在产品的背面打胶，必须使用中性玻璃胶或免钉胶，与热熔胶配合，先在背面打上 9 个点的玻璃胶，再在四角打上热熔胶，然后快速找准位置贴上墙面。

设计要点

要打造富有理性肌理的现代风格，墙面的设计一定不能忽略。立体雕花配合构成感极强的墙面造型，为客厅营造出开敞又不失细节的装饰风格。为保持电视背景墙与沙发背景墙的设计手法统一，墙面的构造方式传递到镜子的切割方式上，使二者保持了相同的造型与尺度。白色的背景墙用一幅色彩强烈的挂画进行装饰。深蓝色的挂画优雅大气，再配上丰富的装饰品，使整个空间里的色彩层次深浅有序。射灯投射到雕花背景墙上，产生丰富的光影变化，使墙面效果更加丰富。

设计要点

黑白强对比的壁纸，为传统欧式增添了强烈的现代气息。镜面不锈钢收边，传递出一个强烈的信息，“这不是传统的欧式设计”，而是符合青年一代的现代欧式设计。壁纸因其自然特性，可能会产生色差，故建议订购时适当多订购 1~2 幅以供调整。壁纸虽然华丽，也有其局限性，表面污染后，污物不易清除，故建议使用机器上胶，并使用保护带，以避免胶水溢到壁纸表面。铺贴时尽量使用搭接裁缝，裁缝时应保持刀片锋利（最好使用入口刀片），及时更换刀片。施工时尽量使用毛刷抚平纸面，在接缝处使用专用压轮，使整体保持一致。

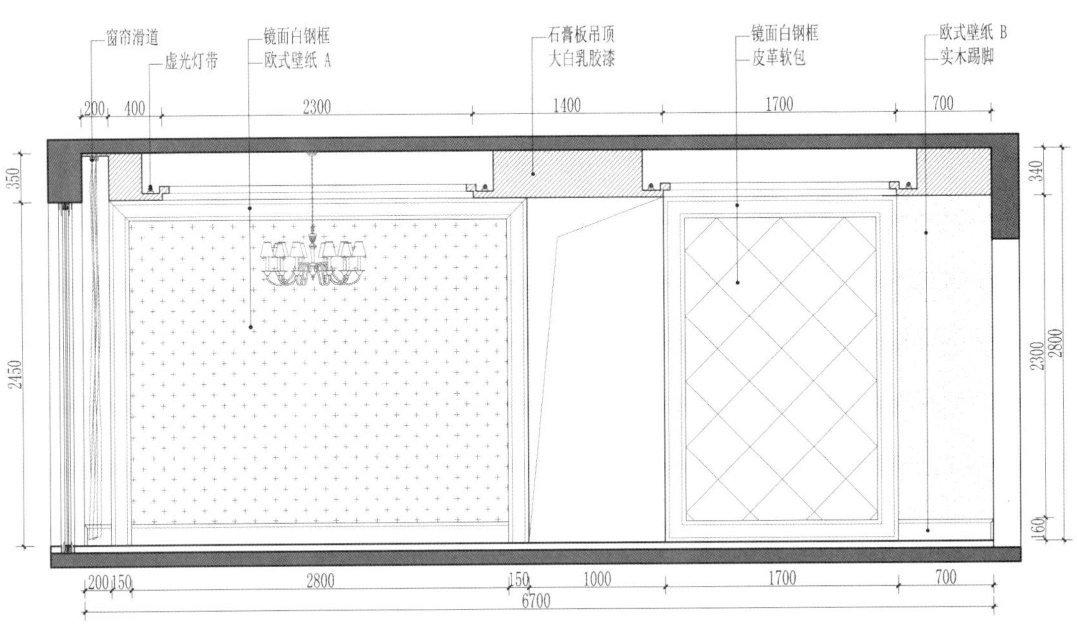

理石背景墙的设计准备

空间规划：在进行理石背景墙规划时，首先要考虑电视背景墙的面积、电视尺寸及客厅空间，通常业主会选择80cm×80cm规格的理石，易于运输及安装，不过会有缝隙影响美观，也有业主会选择定制整块大理石进行装饰，不过造价会高很多。

风格规划：大理石的颜色与纹路千变万化，深色系大理石尊贵典雅，适合面积较大的新古典风格的背景墙；浅色系大理石温润饱满，适合中小户型的简欧风格的背景墙；简单利落的纹路适合清新淡雅的背景墙，而鲜明突出的纹路适合刚烈个性的背景墙。无论如何选择，都要与整体客厅和谐统一。

表面处理规划：光亮的深色大理石会令视觉产生不舒服的感觉，所以在表面处理规划方面，要选择不造成光污染的非光面理石，可运用射灯与理石搭配，来营造金碧辉煌的奢华之感。

TWO TOWERS

设计要点

背景墙材质可选择目前流行的微晶石。微晶石以晶莹剔透而又变化各异的仿石纹理受到国内外高端建材市场的青睐。微晶石一般具有鲜明的层次感，具有比石材更强的耐磨损和耐腐蚀性，它易于清洗、内在性质稳定，用在客厅电视背景墙上，非常能提升装修档次，与客厅中高档家具、吊灯呼应，更显富贵之美。黑色镜面打底，表面饰密度板雕花，使原本直线统领的空间，增添了几分柔美。背景墙直线与曲线搭配，刚柔相济，相信男主人与女主人都会赏心悦目。

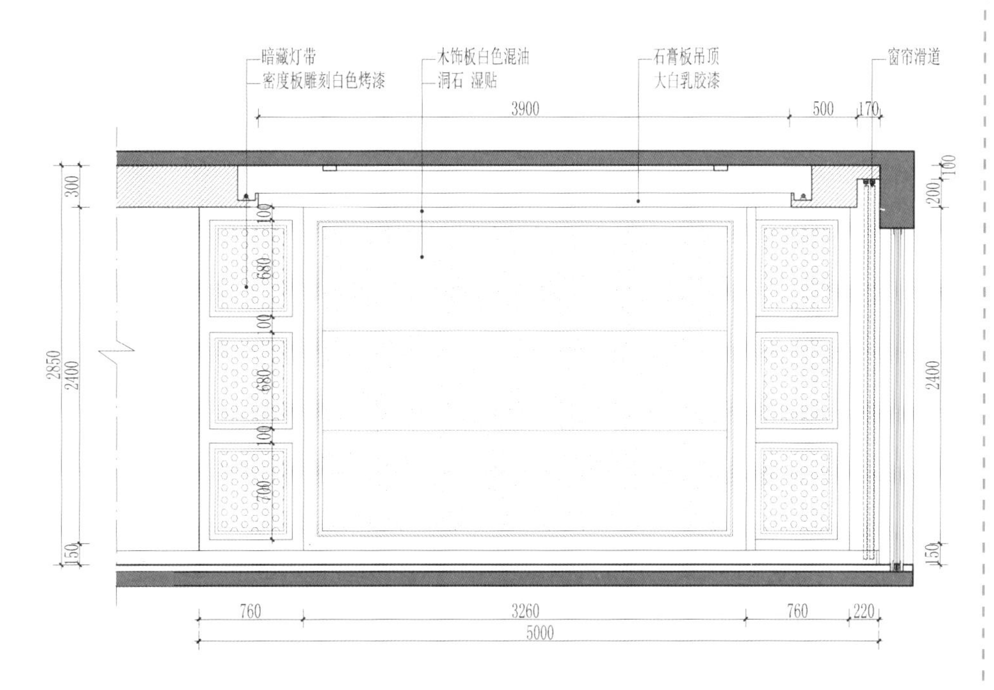

设计要点

通常在选择软包面料时首先想到的是布料，而高档人造皮革占据着软包面料的主流，多数采用人造皮革面料的主要因素是考虑到容易处理和清洁。在面料的选择上使用真皮的成本是异常高的，主要是因为真皮大小不一，很难根据每块软包的尺寸迁就，会存在很大的浪费。软包采用的面料不宜带有大花纹，因为为了使每块软包花纹相对应，也会造成大量的面料浪费。推荐面料花纹的选择上最好是净面、小花纹、碎花纹，这样可以节约不必要的费用。在清洁软包背景墙的时候，切勿用拍打的方式，否则不仅会使灰尘落在其他家具上，还会导致软包变形。清洁时应该用吸尘器进行处理，也可以用干净的毛巾进行擦拭。

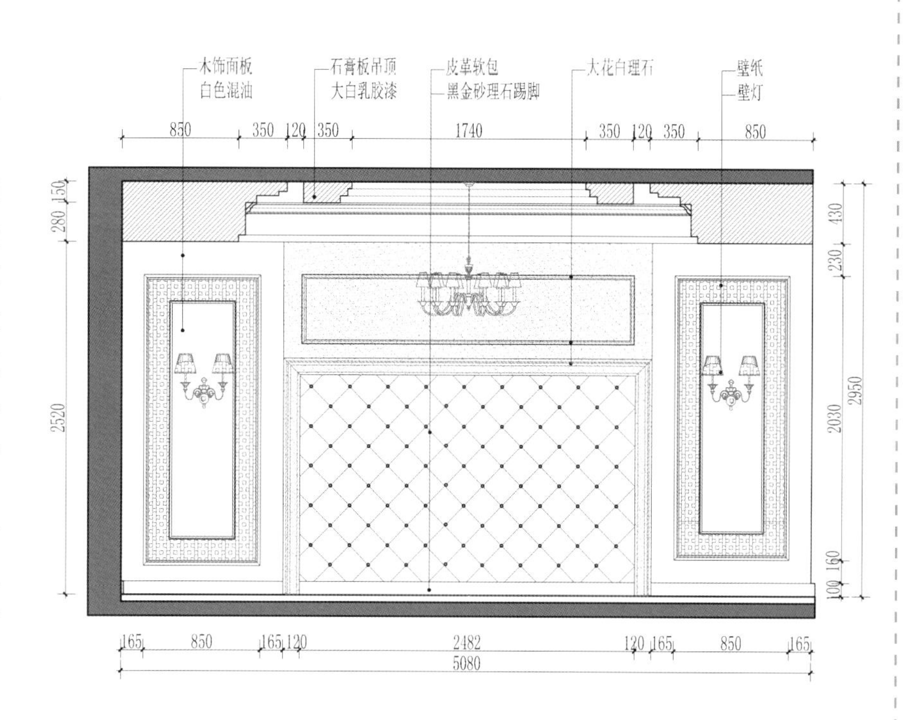

设计要点

马赛克的拼贴，使家居略带地中海的气质，热情洋溢、自由奔放、色彩绚丽，带您穿越异国风情。根据材料的不同，马赛克的价钱跨度也比较大，传统的陶瓷马赛克大概是几十到上百元一平方米，相对较便宜；如果是玻璃马赛克一般要上百，甚至上千元一平方米。消费者可以根据自己的经济条件和所需效果来挑选材质。在家居装修中，很多人都喜欢选用马赛克，源于古希腊的小物件以其独特的魅力一直保留至今。马赛克给了我们无限的创作空间，不仅在卫浴间，外观亮丽的水晶马赛克、大理石马赛克甚至运用到客厅、玄关等各个空间。

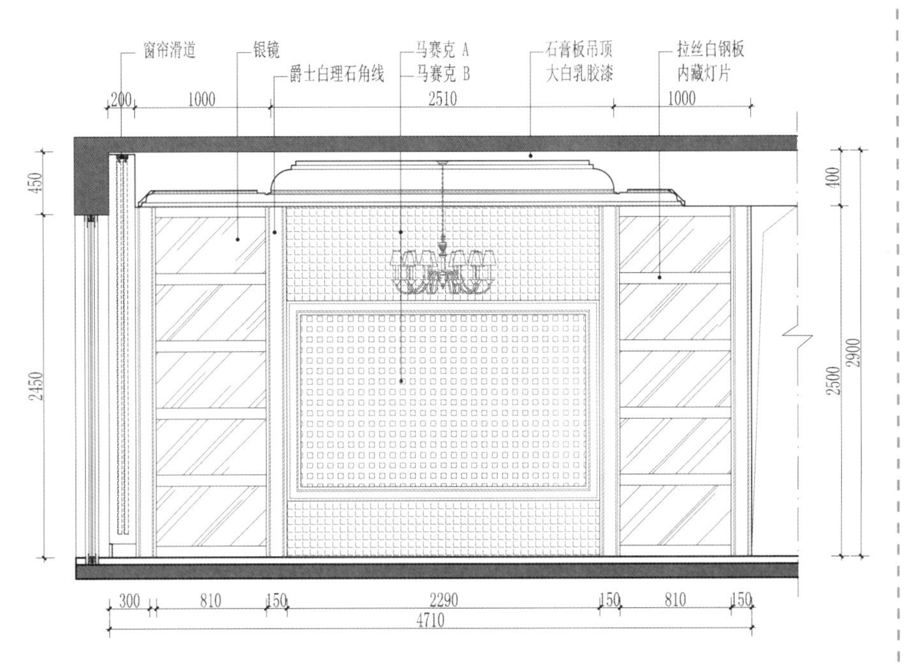

欧式背景墙壁柱、墙垛的处理方式

框架结构建筑的室内空间，常常会有柱子出现，建筑墙体中间的柱子由于宽度超过梁宽，通常与墙面不能平齐。虽然柱子与墙面在厚度上相差的距离并不大，但是对于墙面的设计来说也是不容忽视的平面差。如果将柱子与墙垛很好地装饰，反而能打造出欧式风格的效果。

首先，要对整体空间进行观察，由于墙体中的柱子分布不规律，设计的时候要考虑一面墙构图上的对称、平衡、稳定的关系，这种情况下，柱子的轮廓可以理解成竖线，竖纹线条的排列可以增加空间的高度感，在墙面增加假的壁柱进行规律感的增加。

对于影响电视背景墙构图的柱子来说，可以借由柱子与墙面的厚度差以形成凹凸变化的墙面装饰，如壁龛、孔洞等，配以灯光，效果会更加奢华绚烂。

利用墙面与柱子的厚度差做展示柜、工艺品架等具有一定陈设功能的小空间也是不错的选择，如果想削弱柱子的造型，可以借由镜面玻璃来淡化其轮廓，如果想夸大柱子的效果，可以借由古典柱形或者其他造型来包裹，打造成为一种特殊的空间界面。

设计要点

用镜面扩展空间经常被使用，施工时，将切割好的镜片用玻璃胶粘贴在墙壁上，并放线使其保持平行。镜子不仅能令狭窄的居室瞬间宽大，还能提升室内光线的亮度，营造出一种华丽、通透的家居氛围。背景墙采用横拼彩色玻璃，在视觉上增添了层次变换，延伸扩展了空间，使视野更加开阔。镜子的反射作用会欺骗眼睛，它能将一个空间原本的尽头变成另一个空间的“开始”。将镜子的反射作用应用到居室中，可以缓解空间的局促感，让空间产生视觉延展。深色镜面与白色墙面的强烈对比，使整个空间显得时尚与炫酷。

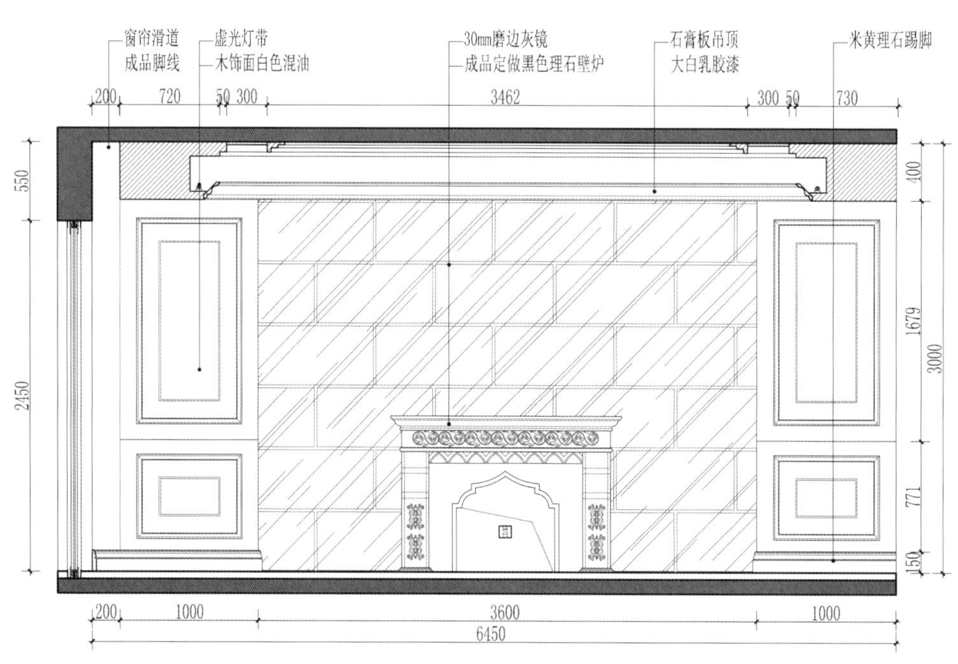

收纳式欧风沙发墙设计

收纳是一门给人惊喜的艺术，当这门艺术被运用到墙壁这一垂直的立体空间时，色彩的选择与阶梯式的组合形式，赋予墙面新的生命。欧风沙发背景墙是一个概念，复古的欧式宫廷风或是纯粹的北欧简洁设计，运用到我们的生活中，要美观，更要实用。

奢华的古典欧式背景墙设计，通常将壁纸与石膏板相结合，收纳的工作一般会交给与风格相配的储物柜，如灰镜柜门的柜子就可彰显高贵的气质。空间够用的情况下，可定制一面墙的储物式墙柜，门板选用镜面或软包材质，既实现了收纳功能，又展现出高贵奢华的感觉。

清新的北欧风备受年轻一族的喜爱，简约的设计在给人舒适感受的同时，在收纳上却不能含糊。纯木色的墙架拥有自然的质感，温润的木色与白墙搭配在一起，简单温馨。

设计要点

传统大马士革图案，明亮的配色，是富贵古典欧式风的经典风格。优雅的菱形花，精细的花纹，搭配最新的发泡、珠光工艺，在营造丰富层次感的同时，散发出一丝丝精致典雅的韵味，结合不同层次的底纹，古典中不失清灵。围坐沙发的同时犹如置身在异国，身临其境。欧式线角在设计中经常使用，它是欧式风格的典型构成元素，主要用于顶棚与墙面的转角（阴角线）、墙面与地面的转角（踢脚线），以及顶棚、墙面、柱、柜等的装饰线。装饰线的大小应根据空间的大小、高低来确定。一般来说空间越高大、相应的装饰线角也要随之放大。找到适当的比例，是选择线脚的关键。

打造一面新古典风格的沙发背景墙

新古典主义的设计风格是经过改良的古典主义风格，它是传统文化的传承与创新。新古典主义的室内装修风格从整体到局部都给人以一丝不苟且贵气华美的印象，保留传统材料以及色彩的大致风格，使人强烈地感受到历史的印记。

新古典风格的沙发背景墙是一种带有异国情调的古典主义，配以现代的居室风格，能够透露出一种优雅的居住美感。新古典风格的背景墙通常可以着重从软装饰方面入手，一般用壁纸和软包来装点墙面，高档印花壁纸的使用是新古典风格的常用手法，另外，墙面上的装饰线采用雕花的纹样，精美而不繁复，能对室内风格的烘托起到事半功倍的效果。

壁纸是新古典风格卧室背景墙常用的装饰材料，一些纺织物的壁纸，质感好、透气性强，给人以高雅、柔和、舒适的感觉。其中，锦缎墙布是墙纸中较为高级的一种，缎面墙纸有典雅精致的花纹，色泽多彩、质地柔软，非常适合新古典风格的背景墙使用。

软包以其绚丽的色彩和多变的造型，得到很多装修业主的喜爱，在沙发背景墙的装饰中，成为选用比较多的一种材料。软包质地柔软、立体感强，能够表达出新古典风格背景墙的华美感以及其所特有的优雅气质。

设计要点

背景墙采用深色乳胶漆或深色壁纸打底，配合光亮的金属质感画框，使墙面效果更加突出。白色理石线角与壁炉，定制后采用理石胶拼贴完成，整体感觉高贵大气。壁炉的设计也是欧式风格中的经典元素。通常认为深色是冷酷压抑的代表，是男性化的象征，是不能够大面积使用的，是不能作为背景墙的，可是世界上没有绝对的颜色，我们在家居设计中更是如此，所有的颜色都是相对的，所有的色彩都是可以被使用的，这组案例就充分表达了深色的魅力。

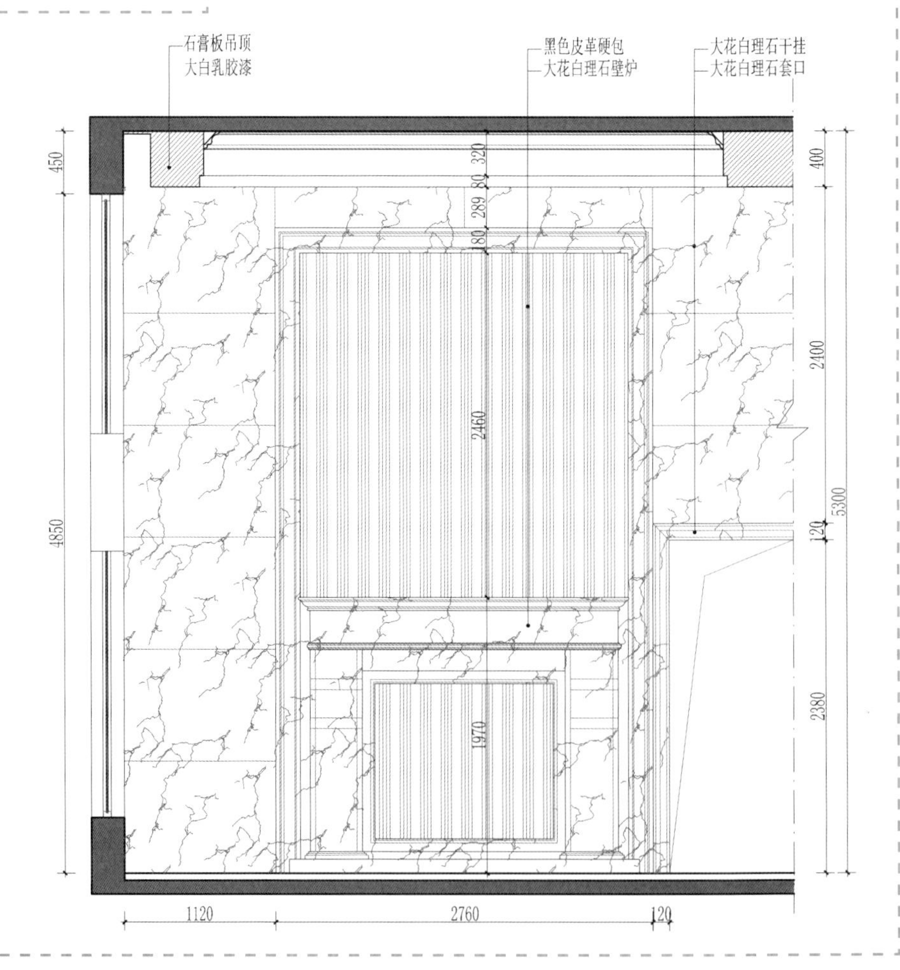

为沙发背景墙挑选一款合适的沙发

沙发作为背景墙的代表家具，其布置形式决定了客厅的格调，常见的布置形式有以下四种：

第一种："C"形布置。"C"形布置是沿三面相邻的墙面布置沙发，中间放一茶几，此种布置入座方便、交谈容易、视线开阔。第二种：对角布置。对角布置是两组沙发呈对角布置，一垂一直不对称，显得轻松活泼，方便舒适。第三种：对称式布置。对称式布置符合中国传统的布置习惯，气氛庄重，位置层次感强，适于较严谨的家居。第四种："一"字形布置。"一"字形布置非常常见，沙发沿背景墙摆开一字状，前面摆放茶几，适于客厅较小的家庭使用。

此外，沙发的色彩和造型要与客厅总体协调。沙发自身的色彩和造型是构成居室整体风格的重要部分，对客厅及背景墙的装饰效果起着决定性的作用。沙发的色彩和造型应与墙面、地面，还有窗帘等装饰元素相协调。另外，还应与主人的性格、爱好、年龄相符。浅色沙发充满青春活力，这与青年人蓬勃向上的进取心相一致，因此特别受青年人喜爱。而对于老年人，他们常怀念逝去的岁月，总希望在居室内看到或回想到自己所走过的岁月留下的痕迹，因此他们更喜欢深色调，特别是古典红木沙发。

设计要点

客厅雕花隔断大气而精致，通透感强，保证了光照需求，为自然光源不足的空间提供了光照的需求。这些雕花隔断需要定制，而后用膨胀螺栓上下固定于天棚与地面。从艺术感的角度考量，雕花隔断更加时尚与华丽。简单的硬装部分已经不能满足现代都市人的视觉需求。这款雕花隔断主打复古简约风，适用于新古典、后现代装修风格。背景墙大面积镜子的运用，使原本开阔的空间更显奢华与宏大。壁炉与大尺寸油画的搭配，使居室极尽奢华。

理石上墙的监工要点

理石上墙的监工，首先，要确保拉好整体水平线和垂直控制线；其次，要确定石板安装在支撑架上，固定大理石板材的下部凿孔，插入支撑架挂件，微调锁紧、固定石材上部及侧边；最后，连接空位锚固剂，加固板材。

设计要点

这个背景墙设计借鉴了欧式家庭中的壁炉，方形的框架、白色的台面，欧式的手法创造出别具特色的异域之美。这些造型均需在制作之前进行细木工板的基础制作，而后将定制的壁炉与理石造型粘贴在表面。把欧式的壁炉创造性地与客厅的构造相结合，背景墙上运用嵌入式的设计理念让壁炉以新的形态呈现出来，大气又具有设计感。壁炉上及壁炉两侧运用了经典的罗马柱式，罗马柱的历史久远，可追溯到公元前10世纪至公元前7世纪。居室的复古风情，彰显着悠远的欧洲气息。见到这么复杂的柱式可不要发愁，所有的柱式都可按照规格、材质在装饰市场进行定制。

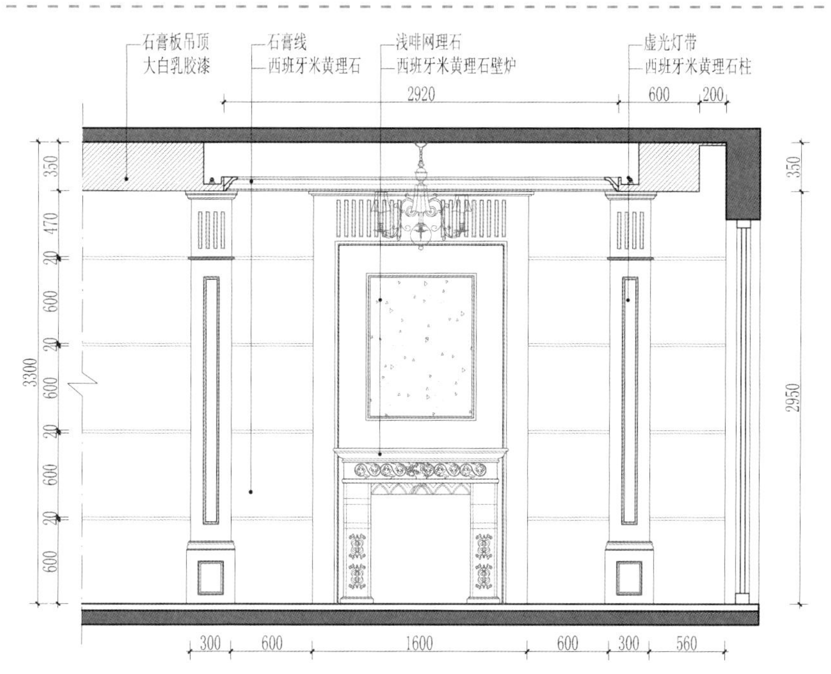

让空间精致大气的欧式墙裙

墙裙用于人们最容易接触的墙面位置，其功能是保护墙面免受人为或机械的损坏，兼顾美观。墙裙的高度一般在 1m 左右，有油漆墙裙、涂料墙裙、瓷砖墙裙、石材墙裙及木质墙裙等，目前的家居装饰流行中，墙裙越发被摒弃，只有欧式风格还普遍采用这一手法。

欧式墙面自古就很有味道，墙壁使用白色石膏装饰，深度的刻痕给空间蒙上一层棱角的气息，并且将墙裙装饰体现出来，顶部投射下来的黄色灯光让空间充满温暖的气息。

墙裙的颜色、造型是多变的，墙裙上方的装饰墙面可以是颜色相差很大的壁纸，也可以是一幅简单的欧式风格壁画，让整个空间看起来高贵典雅。

墙裙增加了空间的层次感，亦兼备防尘功能，虽不是大面积修饰，却让整体越显精致。

软包的日常护理

软包是一种质地柔软、色彩柔和的墙面装饰材料，被广泛使用的同时，日常应该怎样护理呢?

1. 尽量避免阳光直射，以防褪色。

2. 定期用吸尘器吸除软包饰面的浮灰。

3. 沾染污渍的时候，用蘸有稀释洗衣液的刷子刷，然后用干抹布擦去泡沫即可。

4. 有条件的家庭，可请专业的清洁公司负责清洗。

设计要点

这一款背景墙壁纸有着欧式风格中常见的金属质感花纹。这种华丽的花纹在背景墙中闪烁着神秘的金属光泽。花纹整齐地排列在壁纸上，带有欧式风格的严谨与庄重，突显了欧式风格的奢华。镶嵌在四周的大理石线角，确立了房间的欧式风格，质感更加高贵。与壁纸形成对比，装饰效果更好，并且容易清理。暗藏灯槽的设计则更加巧妙，充分发挥了理石及金属光泽壁纸的反光作用，使整个房间熠熠生辉。LED光源的出现，大大节省了暗藏灯槽的占用空间，使背景墙降低了厚度，降低了房间面积的损耗。

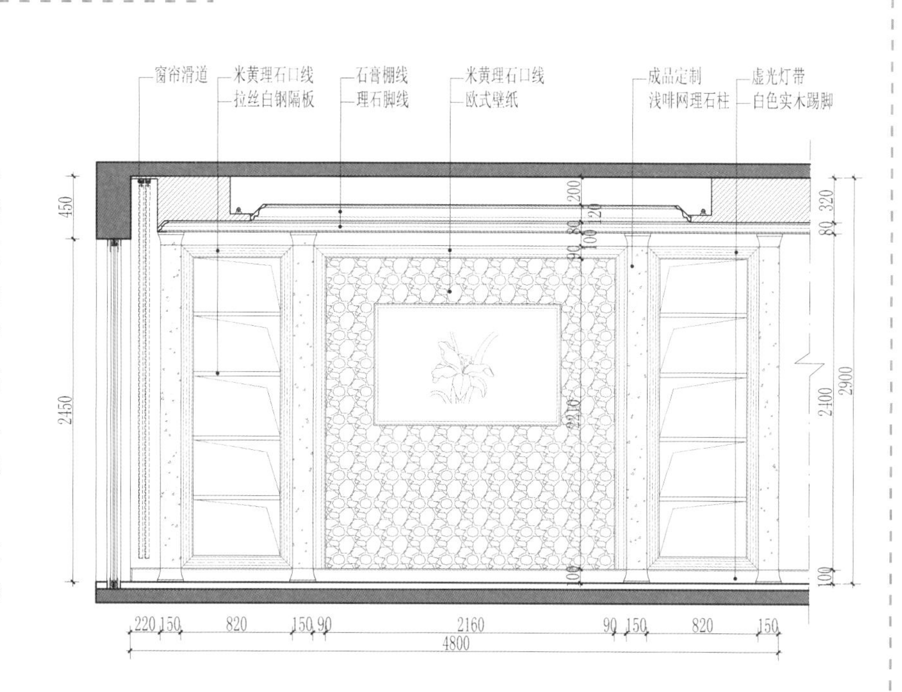

餐厅背景墙的色彩搭配

柔和的色彩被大多数人所喜爱，在餐厅的色彩搭配上，淡淡的芥末黄有较强的兼容性，可以大面积被使用，也可以小面积点缀，与苹果绿组合在一起，柔和淡雅，美不胜收；幽静的藕荷色点缀于纯白色的餐厅空间，能丰富饱满空间的色彩，同时给人以温暖之感；薄荷绿是适合暗厅的颜色，提亮空间亮度的同时，将绿色映于蔬菜上，让人垂涎；水蓝色兼并了绿色的灵动和蓝色的宁静，为餐厅空间奠定了清爽的基调，用自然材质的饰物点缀于此，十分和谐。

高亮度的纯色可创造出激情与时尚，使用热情的橙色亦是不错的选择，给人眼前一亮的同时，为放置于此的食物增添了活力；酒红色虽不如樱桃红明亮，却也是装点餐厅的不错选择，多了几许沉稳，让人不会产生浮躁的情绪。

设计要点

新古典风格的家居风格给人以温婉大气的感觉，黑白搭配是永恒的经典，白色硬装搭配黑色软装整洁明朗。此处的餐厅背景墙以理石和软包组合而成，色调的纯粹让视觉感非常舒适，暖色灯带照在理石墙上，中和了石材的坚硬和冰冷，软包的凹凸有致丰富了视觉效果，让背景墙充满立体感。

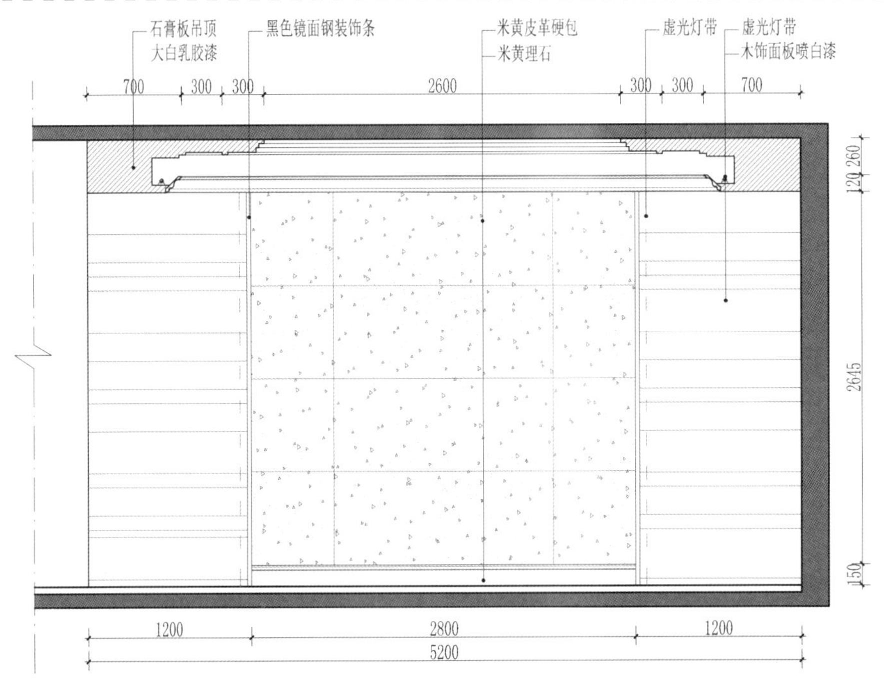

暖心暖胃的餐厅壁炉墙

“墙壁上面挖一个壁炉，大的很欧洲，眯着眼睛，喝一杯酒，小得很慵懒……”这是一首关于壁炉的歌曲，唱出了壁炉的温暖，唱出了人们对壁炉的喜爱。壁炉曾经是欧洲家居的必需品，取暖的同时，兼并了美观。现在中国大宅类的家居设计中常常可以看到，尤其在客厅或餐厅中，设计一个壁炉，让人感觉生活如此温暖舒适。

壁炉的设计以浅色系为主，温暖柔和的古典花纹设计，让古典、质朴的氛围出现于都市生活中，强烈的冲击感让人仿佛置身于古典的欧洲城堡中。抑或设计成粗犷的原石壁炉，凹凸的肌理感突显出沧桑感，但是与精致的摆设形成对比，感受生活品质的同时，表达出一种自然怀旧的情绪，带给人无尽的艺术感。

设计要点

瓷砖线角镶嵌茶色装饰镜片，深色壁纸上悬挂成品装饰镜，这些装饰手法十分巧妙与成功。逐渐时尚化的装饰镜，让原本用作穿衣打扮的镜子，增添了丰富多彩的装饰功能。选择一面光洁华丽的镜子，金属质感的镜框点缀在镜面四周，这样一个装饰感极强的墙面镜就在深色的墙壁上突显出来，深色墙壁也因此变得精彩纷呈起来。除了它的装饰功能，镜子能够反射光线的特点也被用来解决一些不理想房屋的户型缺陷。将镜面安放在一些光线比较弱的地方，利用折射的原理将其他空间的光线引入，使房间显得更加明亮。

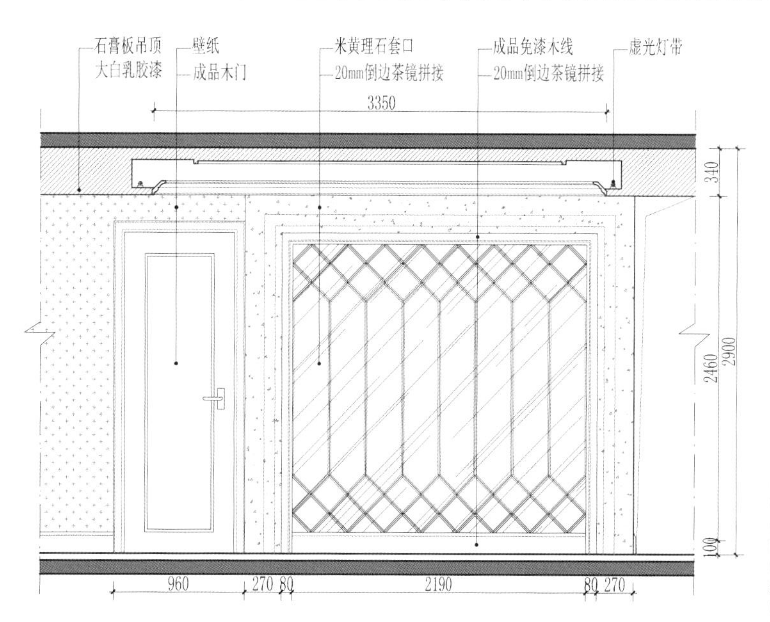

设计要点

纯粹的壁纸墙面是否觉得单调和沉闷呢？那就用装饰镜来解决这个问题。简单的施工工艺，低廉的价格，效果却是格外的好。在墙面平整度较好的情况下，用九厘板打底，放线后，玻璃胶粘贴即可。借助镜子的力量，墙面仿佛奇迹般地被打开了。原本生硬的墙面，有了另一番美景。把一整面镜子分割成小块，功能上没有区别，但在视觉上更具趣味，而且还降低成本。成组的镜面排列往往能有惊艳的效果，让整个空间更具表现力。镜面的使用需考虑照明反射的问题，处理不当会出现不适的眩光，带来视觉上的混乱。

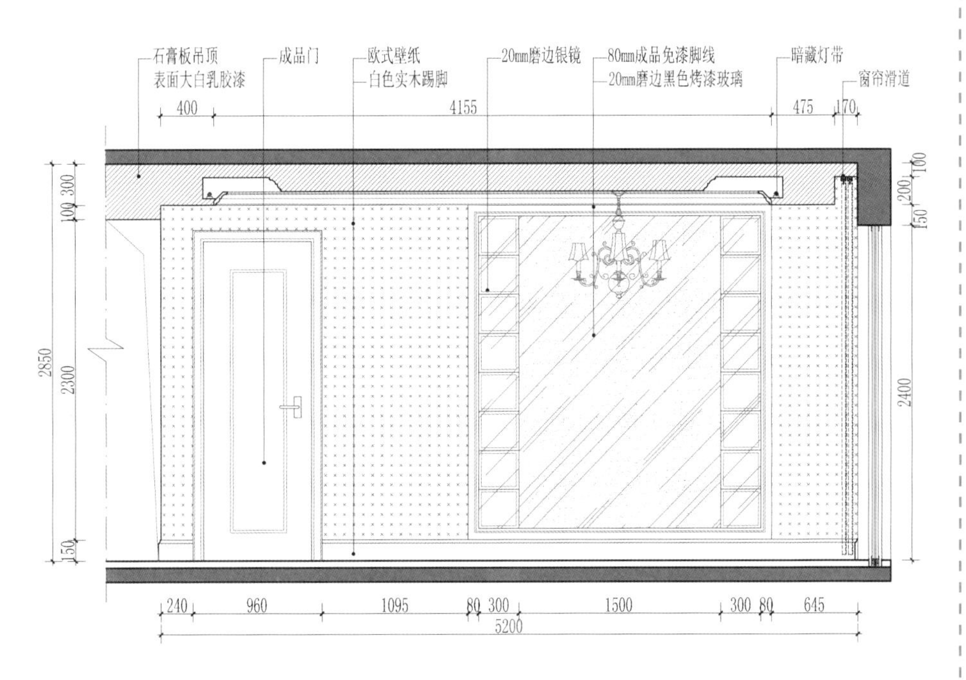

背景墙与灯光的搭配

好的照明方案都是注重层次感的，一般分为普通照明、重点照明和装饰照明三种。普通照明用于人的日常活动，最好是让灯光照到墙上、天棚上，用反射下来的光照到各处，这样的光线比较柔和、均匀，立体感强，而且空间显得比较开阔；重点照明是在人经常活动的区域，如沙发会客区、休息娱乐区、吧台休闲区、阅读区等处进行局部的重点照明；装饰照明是在一些装饰部位，如墙上的画、台面或地面上的植物、装饰墙面等处，加以一些特殊的光线，这样就会形成“体积光”、“面光”或“点光”、“暗－亮－最亮”等不同层次的光。当然，这三部分的光都要能够分路控制，可以同时开启，也可以针对某一需要而单独使用。这样，不仅便于使用，也能节省能源，空间效果也可以更完美。

背景墙的灯光设计，可安排重点照明和普通照明，可移动的台灯、地灯、洗墙灯（一种藏在天花内打在墙上的等）等，可用作普通照明；导轨的可移动式聚光灯，可以照在任何需要光线的地方，也可以进行重点照明和装饰照明，当空间比较大时，与台灯组合，可以在局部形成十分明亮的效果。客厅的其他照明可以使用可聚光的筒灯或者石英灯作为重点照明，利用可改变的牛眼灯进行装饰照明。电视其实也是一种光源，如果没有环境照明，人们就会觉得疲惫，但是环境过于明亮，又会分散注意力，所以，电视背景墙使用眼睛看不到的地方造成扩散性的一般照明最为合适。

设计要点

此处背景墙主要分为暖色板材和装饰镜面两个主要材料，两侧采用暗壁纸作装饰，中间区域则运用暖色板材装饰与反光镜相结合的方式来进行扩展空间。采用了很有动感的镜面空间设计，在视觉上产生更强烈的效果。结合镜面的设计，让空间更加大气奢华，也增加了空间奢华的整体效果。

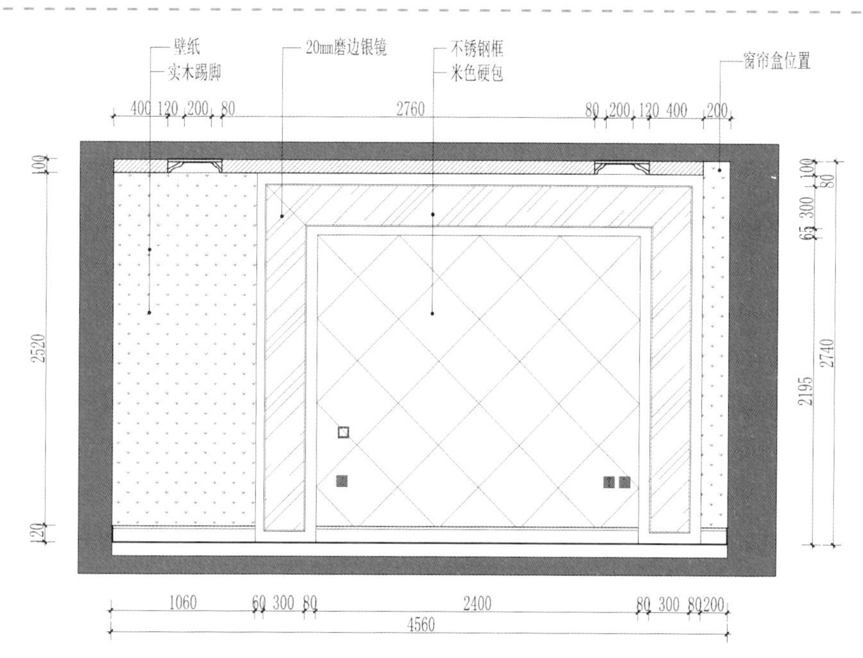

墙布的施工工艺流程

墙布，又称纺织壁纸，是表面为纺织材料的墙体装饰物，因其视觉舒适、触感柔和、亲和性佳等特点，被众多注重生活品质的装修业主所喜爱。下面介绍一下墙布的施工工艺流程，以便监工。首先，墙面要平整干净，确认墙皮无松动和脱落；其次，要使用贴壁纸的专用工具，最好是使用进口墙纸刀；第三，要按照比例调好墙胶，从墙壁的某阴角处开始滚刷壁纸胶，确保涂抹均匀后开始贴墙布；第四，要将墙布顺墙面放直，上面的高度和墙面高度一致，下面用物品将整卷墙布垫齐在踢脚线上，然后将墙布滚展开，用刮板将墙布刮贴在墙上，顺序是由内至外，墙布上下贴齐后再按照此顺序继续进行铺贴；第五，用干净的湿毛巾将多余的胶浆擦掉；最后，贴完整后要进行全面检查，发现有气泡用针头刺破后刮平即可。

CCTV2

设计要点

木材、艺术镜面、轻纱一起组合出这梦幻的卧室，木材给人以沉稳大气，艺术镜面给人以晶莹玲珑，轻纱给人以缥缈烂漫，搭配出优雅，成就出浪漫，视觉感丰富却不混乱。色彩搭配上，深红色的木制背景墙与深红色的轻纱遥相呼应，水晶吊灯与镜面的组合，简单而不失时尚。

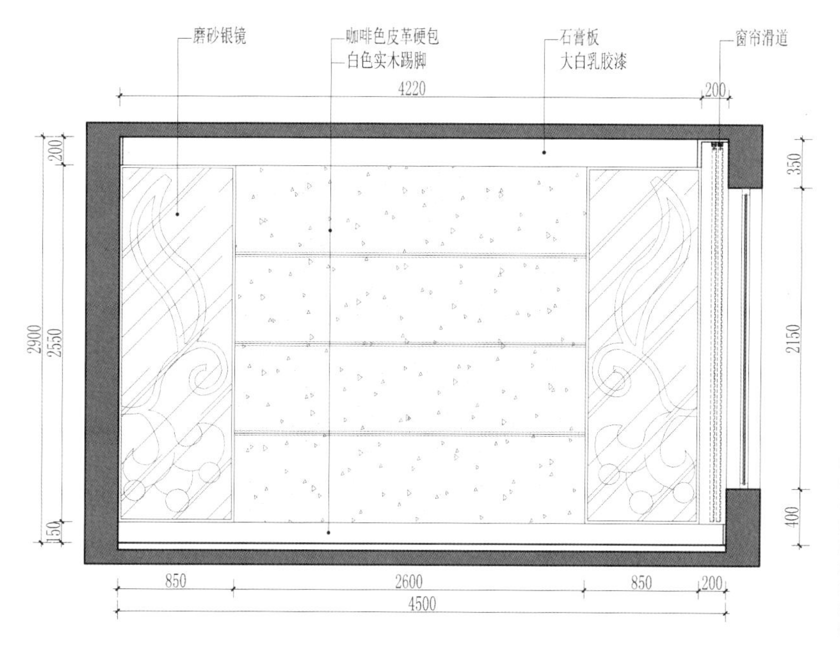

让房间充满贵气的颜色推荐

奢华风格的家居配色多以浅色和白色为基色，配以金色、米黄、棕色、蓝色等色调，通过颜色的对比营造出华丽贵气的视觉效果，如墙面选择乳白色，地砖选择复古风格的棕黄色为宜，厨房地砖可以选择略微深色，如咖啡色，墙砖选择泛白的米黄色，加上白色的橱柜，显得干净温馨。稍微增加其他色彩的点缀，则可以更好地突出空间的层次感，如加入棕色和蓝色。要求空间变化的连续性和形体变化的层次感，需要在家具的选择上统一色系，同时有凹凸起伏的设计。简欧风格的室内色彩搭配推荐以下两种：一种是以白色、淡色为底色搭配白色或深色的家具，营造优雅高贵的氛围；另一种是强调以华丽的色彩，如红色、紫色等，配以精美的造型达到古典欧式典雅高贵的装饰效果。

设计要点

奢华的软包背景墙相较于其他背景墙，材料柔软，色彩柔和，能够柔化整体空间氛围；柔软舒适的软包床头是睡前阅读的最佳搭档，舒适度十足。它的立体感能够提升空间档次，它的质感能够与硬质墙面形成对比。软包除了美化空间的作用外，更重要的是它还具有吸音、隔音、防撞、防震等功能。软包也有它的缺点，首先，软包对装修风格和家具的要求比较高，一般适宜奢华的欧式家具。此外，软包材料比较易燃，防火阻燃性较差，在使用时要注意远离火源。

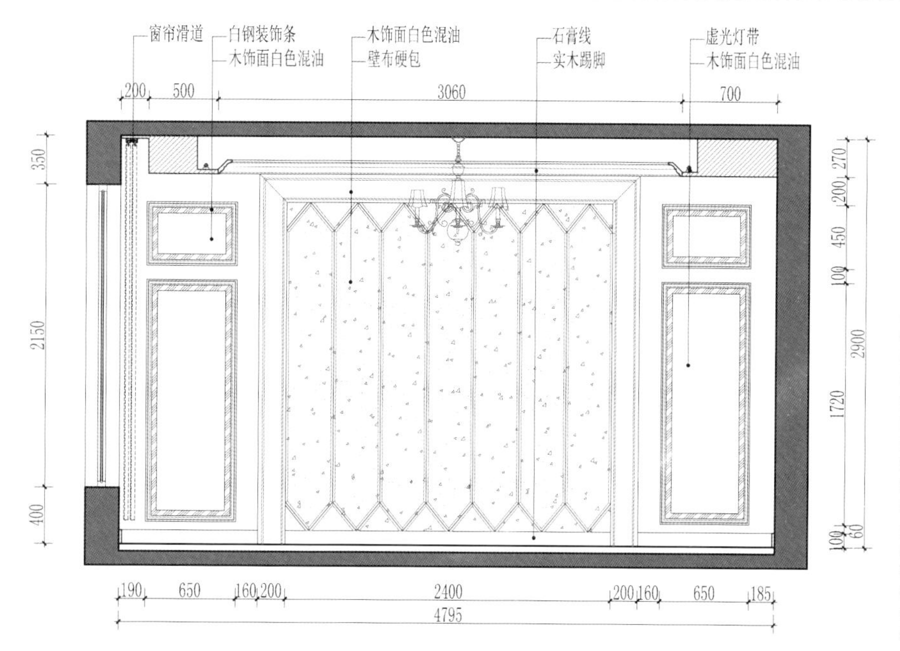

奢华中式的床头背景墙设计

奢华中式的床头背景墙，不再局限于完全意义上的复古，而是要通过对中式传统风格的继承与创新，表达出清雅含蓄、端庄大方的东方装饰风格的追求。中式风格不能是纯粹的元素堆砌，而是要通过对传统文化的认识，将现代元素与传统元素结合在一起，以现代人的审美需求来打造富有传统韵味的设计，让传统艺术在当今社会得到合适的体现。

新中式风格卧室背景墙的特点体现在造型上，可以用简单的直线条来表现中式宅邸的古朴与大气，在色彩上可以采用柔和的中性色系，给人优雅温馨、自然脱俗的感觉。在材质上，运用壁纸、玻化砖、木板等，令传统风韵与现代舒适感完美地融合在一起。

通过家具陈设、色彩搭配以及装饰品来营造东方情结且又具现代韵味的居室氛围，新中式风格的家具讲究线条的简单流畅以及内部设计的精巧，以现代的材料来体现传统家具的韵味。床头背景墙多采用对称式的床头柜布局方式，格调高雅，造型简朴优美，色彩浓重而成熟。背景墙悬挂字画、匾额等，搭配屏风、博古架，追求一种修身养性的生活境界。

设计要点

此处背景墙采用奢华实木与软包相结合的方式进行设计，木质材料会给人奢华、典雅的氛围效果；根据整体空间和背景墙的具体尺寸大小，在实木的两侧衬托下，更加凸显中间区域奢华、典雅的氛围效果；中间区域采用加入金箔符号进行细节设计，进一步提高整体空间典雅的效果，也增加了空间奢华的效果。

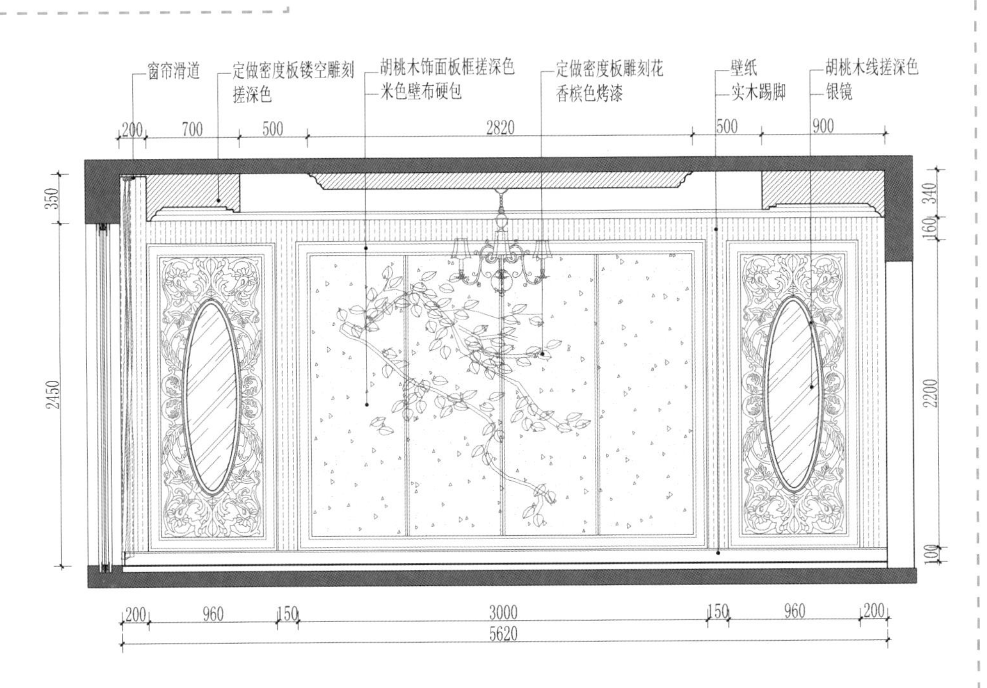

设计要点

作为家居装修中的重要环节，卧室软包背景墙是决定卧室整体品位和提升生活品质的重要途径。卧室选择用软包进行装修，会显得十分高档美观，可以提升卧室的整体观感和品质。要制作美观的软包墙面，首先是在铺有底板的墙面根据设计要求放线绘制图案；然后将型条按墙面画线铺钉，将海绵剪成软包单元的规格进行填充；最后表面面料覆盖在上面插入型条与墙面的夹缝，这样侧面看上去就会平整美观。其实这些复杂的工作都可以交给专业的软包公司进行制作，业主负责监督安装过程即可。

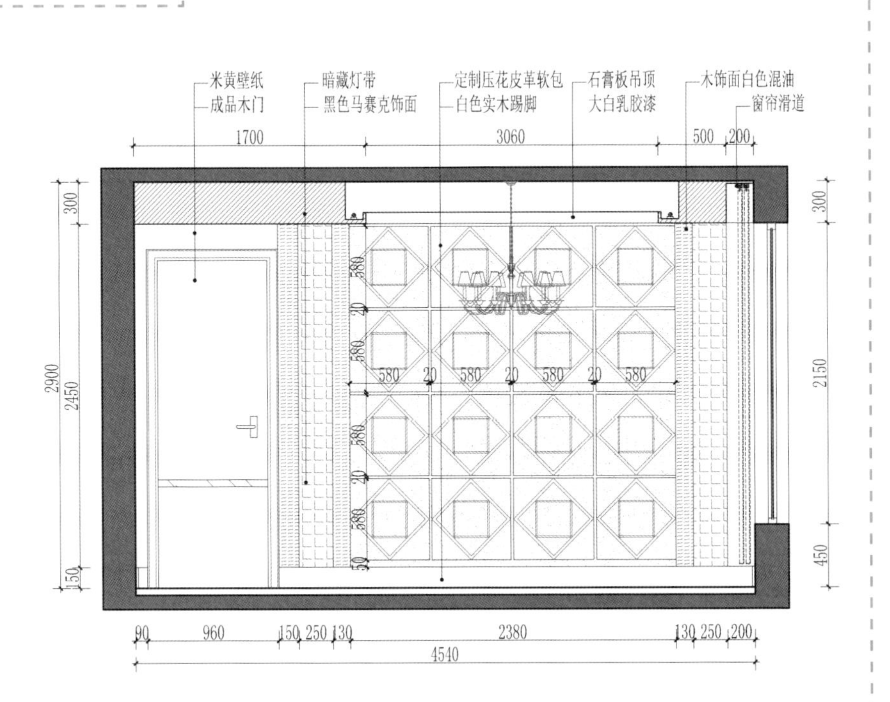

巧搭中式玄关背景墙

中式玄关处讲究上虚下实，因此使用磨砂玻璃或者空心的博古架为宜。玄关的间隔不宜过高或者过矮，玄关如果设置得太高，就阻碍屋内通风，而间隔太低又起不到玄关的作用。玄关宜保持整洁清爽，且中式风格玄关的颜色宜为中性偏暖的色调，给人以柔和舒适之感。如果考虑到功能性，可以利用低柜、鞋柜等扩大家居储物空间，还可以把落地式家具改为悬挂的陈列架，或者把低柜做成敞开式挂衣柜，增加实用性的同时又节省了空间。玄关处摆放一小盆雏菊，或者悬挂家人照片或者风景画，都可以起到很好的装饰作用。玄关地面材质的选择，要具备耐磨、易清洗的特点，如果想让玄关的区域与客厅有所区分，可以选择不同颜色的地砖，或者把玄关的地面提高，与客厅的连接处做一个小小的斜面，以此来突出玄关的地位。

设计要点

为了让平面的墙有立体感，成为房间装饰的亮点，除了创意的墙纸，还可以考虑搁架组合所产生的立体感。创意搁架，适用于家里的客厅、卧室、工作室或者书房。个性的大理石框架和白钢搁架的组合，使得墙面显得庄重和具有韵律，也使得空间层次感更丰富。直角理石拼贴，比欧式线角更加节省费用，但却能很好地融合到欧式风格之中，这是因为理石与欧式风格有着天然的和谐属性。虚光带的处理为搁物架增添了灵动气质，虚实之中为背景墙增添了许多观赏性。

设计要点

镜子的运用越来越普遍。根据居室整体的空间设计，搭配独特的镜子设计，可以为空间增色不少。镜子只是一种装饰材料，但是设计的位置、形状、颜色不同，效果却有很大的差异。根据自己的喜好和空间结构才能搭配出不俗的效果。在墙上安置几面镜子，不管是什么样的形状，都能产生意想不到的效果，打造出独一无二的背景墙。倒角 45 度斜拼镜子，不仅能够起到很好的装饰作用，而且在无形中使空间得到视觉上的扩展。镜子四周以线条收边，为整个装修风格增添了几分欧式情怀。

设计要点

在众多材质的背景墙中，很多人比较青睐大理石背景墙。每一款大理石背景墙的美都是无法用语言来形容的，它就像是一个自然的景观，为居室增添了天然的美感。新古典客厅的设计，背景墙是一大亮点，可以隐约看到背景墙上理石壁炉的自然纹路。为了营造温馨的气氛，壁炉两侧采用了软包。软包的优点众多，其吸音降噪功能尤为显著。客厅是亲友欢聚的场所，以优质吸音材料做背景墙主体，通过精心设计组合个性化图案，这样既具有装饰性，又有很强的实用性，达到为室内吸音降噪的效果，进而缓解听觉及视觉疲劳。

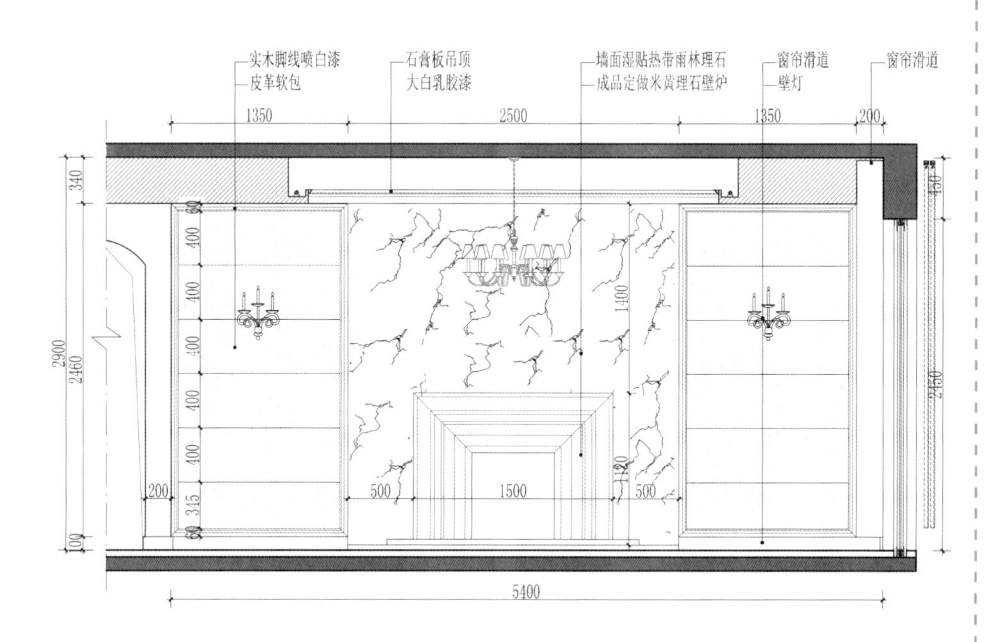

让挂画唤醒墙面的奢华大气

家装之中对于奢华的定义，无非膏粱文绣，珍楼宝屋，雕梁画栋，金钉朱户。可是这样的装饰徒具其表，让奢华变成了一座沉睡的华丽纸牌屋。墙面的花纹再绚丽，也是这座纸牌屋苍白的皮囊，这时候就需要一些东西去唤醒它，去唤醒那些空洞的墙面，和了无生气的房屋，让它开始褪去一些铅华，去掉一些多余的“奢”，多一些生活的情趣感，而装饰画就是这样一个唤醒的角色。奢华并不是只需要一些琳琅满目的物品去堆积它，更需要一些富有艺术感的东西去保证它高品质的优雅与大气，去增加一个空间里，四方墙面，三尺玄关所应具有的一些气韵，这就是装饰画在空间里、在墙面上的作用，它或许并不是家装的主导者，但是它绝对是家装的点睛者，它的任务是为你的家装增添一抹亮色，如《金枝玉叶》《杰克小镇》《拜占庭》等，都是奢华空间的唤醒者，唤醒您的空间、您的墙面，唤醒它们在浮夸的华丽升华之后的真正奢华与大气。

鸣谢 Acknowledgments

- 墙蛙装饰画
- 胡狸设计室
- 元洲装饰
- 天天设计
- 长春华润设计
- 营口宸麒装饰设计有限公司
- 沈阳山石空间设计
- 胭脂设计工作室
- 北京乾图设计
- 吉恩设计事务所
- 沈阳东易日盛
- 厦门物色艺术设计
- 威利斯设计工作室
- 大连金世纪装饰
- 3C 设计事务所
- 品辰设计
- 品筑空间艺术设计工作室
- 恒浩装饰

- 卜 什
- 毛志勇
- 王建军
- 王 玮
- 王 禹
- 王 猛
- 王 琴
- 计春雷
- 车正科
- 丛启楠
- 付佳兴
- 叶智丽
- 白 欧
- 石炎森
- 任 伟
- 刘文彬
- 刘玉河
- 刘兆娣
- 刘 阳
- 刘 剑
- 刘 哲
- 刘晓会
- 刘朝阳
- 刘耀成
- 刘 鑫
- 吕永庆
- 孙传财
- 孙兴飞
- 孙志生
- 导火牛
- 庄焕阳
- 曲 圣
- 朱 琳
- 朱琳琳
- 江香宜
- 江玉坤
- 闫 明
- 何帅剑
- 何 群
- 吴 锋
- 吴 巍
- 宋 文
- 宋春吉
- 宋 辉
- 张 工
- 张 华
- 张怡宁
- 张 健
- 张 峰
- 张 桥
- 张喆赫
- 张富强
- 张赐福
- 张鹏飞
- 李中俊
- 李文斌
- 李方华
- 李守奇
- 李 欢
- 李利军
- 李 佩
- 李尚海
- 李 浩
- 李 童
- 杨传光
- 杨建锋
- 杨 程
- 杨静平
- 迟家琦
- 陈毛豪
- 陈汉武
- 陈建华
- 陈家盛
- 周孝瑞
- 周 周
- 周 健
- 周朝辉
- 周 翔
- 孟红光
- 尚英杰
- 林耀明
- 欧阳震华
- 欧建书
- 范义峰
- 郑依浜
- 郑超群
- 金 戈
- 姚 妹
- 姜 林
- 姜 鑫
- 柯与陈
- 祝建深
- 秋 子
- 胡文波
- 赵学平
- 候恒清
- 夏福宝
- 徐云飞
- 徐光鸣
- 徐 柯
- 桑春阳
- 耿 昊
- 袁文书
- 郭从明
- 高 磊
- 梁 昆
- 黄 寅
- 景 尧
- 曾成毕
- 程家龙
- 董子涵
- 董晓卓
- 谢 展
- 廖易风
- 慷 慨
- 潇 枫
- 管 杰
- 黎 武
- 戴文强
- 魏晓帅
- 魏 童